目　次

前言 ... III
1 范围 ... 1
2 规范性引用文件 ... 1
3 术语和定义 ... 1
4 总则 ... 2
  4.1 目的任务 ... 2
  4.2 基本要求 ... 2
  4.3 调查区范围 ... 2
  4.4 工作程序 ... 2
5 资料收集 ... 2
  5.1 常规专业资料收集 ... 2
  5.2 地理底图 ... 3
  5.3 遥感数据 ... 3
6 野外踏勘 ... 3
  6.1 踏勘目的 ... 3
  6.2 布置踏勘路线 ... 3
  6.3 总结踏勘工作 ... 3
7 设计书编写与审查 ... 3
  7.1 设计书编写的主要依据 ... 3
  7.2 设计书编写内容与要求 ... 4
  7.3 设计书审查 ... 4
8 遥感影像图制作 ... 4
  8.1 数学基础 ... 4
  8.2 波段组合选择 ... 4
  8.3 影像正射校正 ... 4
  8.4 影像融合 ... 5
  8.5 遥感图像增强 ... 5
  8.6 影像镶嵌 ... 5
  8.7 图面整饰 ... 5
  8.8 图面注记 ... 5
9 调查技术方法与要求 ... 5
  9.1 调查内容 ... 5
  9.2 地貌遥感解译 ... 6
  9.3 精度要求 ... 6
  9.4 野外验证 ... 6

10 成果图件编制 ··· 7
　10.1 地貌遥感调查图编制 ··· 7
　10.2 遥感影像图编制 ··· 7
11 数据库建设 ··· 7
　11.1 建设内容 ··· 7
　11.2 基本要求 ··· 7
12 成果报告编写 ·· 7
13 资料提交 ·· 8
　13.1 成果类 ·· 8
　13.2 野外调查类 ·· 8
　13.3 技术文件类 ·· 8
附录 A（资料性附录） 地貌遥感调查设计书编写提纲 ··· 9
附录 B（规范性附录） 地貌类型分类表 ·· 11
附录 C（资料性附录） 野外调查验证观测记录表 ·· 13
附录 D（资料性附录） 地貌遥感调查成果报告编写提纲 ··· 14
参考文献 ··· 16

前 言

本标准按照 GB/T 1.1—2009《标准化工作导则 第 1 部分：标准的结构和编写》给出的规则起草。

本标准由黑龙江省自然资源厅提出并归口。

本标准起草单位：黑龙江省自然资源调查院、东北林业大学、哈尔滨师范大学、中国地质调查局牡丹江自然资源综合调查中心。

本标准主要起草人：王少华、初禹、李继红、郭令芬、李雨柯、丁宇雪、姜侠、周向斌、金晶泽、穆晶、穆明、高楠、毛龙、杨湘奎、孙毅、杨汉水、薛广垠、王菲。

地貌遥感调查技术要求(1∶50 000)

1 范围

本标准规定了1∶50 000地貌遥感调查的总则、资料收集、野外踏勘、设计书编制与审查、遥感影像图制作、调查技术方法与要求、成果图件编制、数据库建设、成果报告编写、资料提交等要求。

本标准适用于黑龙江省1∶50 000地貌遥感调查工作,其他比例尺的地质、地貌遥感调查工作可参照执行。

2 规范性引用文件

下列文件对于本文件的应用是必不可少的。凡是注日期的引用文件,仅注日期的版本适用于本文件。凡是不注日期的引用文件,其最新版本(包括所有的修改单)适用于本文件。

GB/T 15968　遥感影像平面图制作规范
DZ/T 0151　区域地质调查中遥感技术规定(1∶50 000)
DD 2011—03　遥感地质解译方法指南(1∶50 000、1∶250 000)
DD 2013—12　多光谱遥感数据处理技术规程
DD 2011—01　遥感影像地图制作规范(1∶50 000、1∶250 000)

3 术语和定义

下列术语和定义适用于本文件。

3.1

地貌单元　geomorphic unit

描述地貌成因-形态分类划分的单元,按规模大小分为若干等级,可根据不同工作目的、分类的繁简和比例尺大小要求设定。

3.2

成因类型　original pattern

按照现今地貌形成的原因进行的地貌分类,包括构造地貌、火山地貌、流水地貌、湖成地貌、冰缘地貌、风成地貌、人工地貌7类。

3.3

形态类型　morphological pattern

按照形状、坡度、高低形成不同地表起伏的形态,包括中山、低山、丘陵、台地、平原、山间盆地等。

3.4

地貌调查点 geomorphologic site

描述地貌因素的野外调查点，包括山地、丘陵、平原、河流阶地、冲洪积扇、湖泊阶地等地形地貌、火山口、台地、泥砂质沼泽、古河道等微地貌。

4 总则

4.1 目的任务

地貌遥感调查的目的任务是依据遥感影像并结合相关地质资料进行综合解译，在初步确定调查区内地貌形态和成因类型的基础上，开展地貌野外实地调查验证和综合研究，进一步确定调查区内的地貌形态类型、成因类型，调查微地貌分布特征。研究各类地貌的物质形态和形成时代，划分地貌单元，编制1∶50 000地貌遥感调查成果图件及调查报告，为优化国土空间规划布局、地貌资源开发利用和保护提供地学依据。

4.2 基本要求

地貌遥感调查工作应遵循下列基本要求：

a) 应充分收集调查区及周边区域地质、环境地质、地质灾害、岩土工程勘查等成果资料，初步分析总结地貌形态、成因类型、物质形态、高程、高差、起伏程度，在此基础上开展野外踏勘工作，建立典型地貌的解译标志。

b) 1∶50 000比例尺遥感地貌解译应使用空间分辨率优于2.5 m的遥感影像作为主要的数据源，同时可采用多种空间分辨率和光谱分辨率的其他影像数据作为辅助解译数据源。

c) 地貌单元遥感解译边界误差应小于2 mm，应勾绘出图斑面积大于4 mm^{2}的地貌单元。

d) 划分一般调查区和重点调查区。一般地区以收集资料、路线调查和综合编图为主，调查区总体工作精度应达到1∶50 000比例尺的要求；对地貌类型复杂、基础设施密集、地质灾害发育的重点调查区进行重点调查和研究，精度可达1∶25 000或更大比例尺。

e) 野外调查宜采用空间分辨率优于2.5 m的正射影像图作为工作底图，或采用1∶50 000地形图作为底图。

4.3 调查区范围

调查区范围应根据目的任务和实际工作需求确定。可按国际标准图幅、行政区划、地质成矿带、自然生态景观区、工程建设区等进行部署。

4.4 工作程序

1∶50 000比例尺地貌遥感解译工作程序为：资料收集、野外踏勘、设计书编写、遥感影像图制作、地貌遥感调查、室内初步解译、野外调查、室内详细解译、成果图件编制、数据库建设、成果报告编写。

5 资料收集

5.1 常规专业资料收集

常规专业资料包括专业资料、地质资料、地形地貌资料等。有条件的地区可以订购资源三号、天绘一号等立体像对影像。

a) 专业资料包括土地、地貌、地质、矿产、水利、旅游、测绘、环境等综合性或专项的调查研究报告、专著、论文及图表,野外实验和室内实验测试资料,中间性综合分析研究成果,注意收集各专业最新资料和科研成果;

b) 地质资料:区域地质、物化遥、水工环、生态地质等基础地质和专项调查研究的原始资料与成果资料;

c) 地形地貌资料:地形图、数字高程模型、地貌图等研究资料。

5.2 地理底图

地理底图是系列成果图件的地理基础。采用国家1:50 000基础地理数据为基础图件,地理底图各要素(如居民地、水系、道路、铁路、地貌、等高线、行政界线等)的取舍视成图比例尺及各课题实际情况具体确定。

5.3 遥感数据

遥感数据的选取应依据地貌因子可解性而定。依据相关的遥感技术规范要求(参见DZ/T 0151、DD 2011—03、DD 2013—12的规定),按照1:50 000比例尺关于区域地貌遥感数据分辨率的要求,选取空间分辨率优于2.5 m的国产卫星遥感数据或者满足精度要求的其他公开商业卫星数据产品。应选取云、雾霾、冰雪覆盖少,清晰度高的影像数据,时相应选择春季或秋季。

6 野外踏勘

6.1 踏勘目的

应根据工作程度、土地利用情况、交通状况,了解主要地貌类型、物质形态特征,结合遥感正射影像数据产品建立典型地貌解译标志,制订踏勘工作计划,为确定地貌遥感调查的重点内容提供依据。

6.2 布置踏勘路线

踏勘路线的布置要求目的明确、针对性强。选区布置踏勘路线应不少于2条,路线宜采用穿越法为主,以典型的地貌类型为主要观测点,建立典型地貌解译标志。

6.3 总结踏勘工作

踏勘工作总结包括梳理踏勘路线,填写踏勘记录卡,整理野外照片等资料,建立典型地貌解译标志,编写野外踏勘工作总结。

7 设计书编写与审查

7.1 设计书编写的主要依据

设计书编写内容包括以下几项:

a) 项目任务书(或合同书)、实物工作量、野外踏勘总结、设计书编写提纲。
b) 地貌遥感影像特征、以往工作程度、存在的主要问题。
c) 有关技术标准和经费预算标准。
d) 预期成果(图件、报告)。

7.2 设计书编写内容与要求

7.2.1 主要内容

根据任务书(或合同书)要求阐明项目来源、目标任务、预期成果。概述调查区自然地理概况、以往工作程度、工作内容,制订技术路线,明确工作方法及技术要求、项目总体部署和部署依据、工作进度安排和可落实的工作量等。

7.2.2 附图附件

应附必要的附图、附表、资料清单以及其他综合调查图表等。

7.2.3 编写要求

设计书必须做到任务明确,依据充分,工作部署合理,技术方法可行,文字简明扼要、重点突出,所附图表清晰齐全。设计书编写提纲应符合附录 A。

7.3 设计书审查

设计书应由项目上级主管部门组织设计审查与审批;通过审查的设计书,应由项目主管部门批准后组织实施。

8 遥感影像图制作

8.1 数学基础

平面坐标系采用 2000 国家大地坐标系。
高程系统采用 1985 国家高程基准。
影像图的投影:高斯-克吕格投影,1:50 000 比例尺影像图采用 6 度分带。

8.2 波段组合选择

采用 R(红波段)、G(绿波段)、B(蓝波段)进行真彩色合成。该波段组合方式能够较为真实地接近自然色,地物层次丰富,边界轮廓清晰,地物整体色调均匀,部分接边地区稍微存在反差,能够满足该尺度下的遥感地质特征解译工作。波段组合方法应按照 DD 2013—12 的规定执行。

8.3 影像正射校正

8.3.1 控制点选择

为了保证影像图的正射校正精度,要求控制点拟合中误差在 1.5 个～2 个像元;每景图像控制点个数为 13 点～16 点,且分布均匀,八象限都有控制点。图像重采样方法选择双线性内插法或三次卷积内插法。影像图制作应按照 GB/T 15968 的规定执行。

8.3.2 数字高程模型选择

以 1:50 000 的 DEM 或 3A 级 ASTER 遥感数据、国产立体像对数据生成的 DEM 为基准,在 1:50 000 地形图或现有更大比例尺影像上选取控制点进行正射校正。

8.3.3 控制点误差要求

控制点误差要求应按照 GB/T 15968 的规定执行。

8.4 影像融合

常用的数据融合方法有 Pansharping、Gram-Schmidt、主成分分析法融合等。针对采用的具体遥感影像选取合适的融合方法,融合后影像目视解译效果好,色调均匀、反差适中、清晰、不变色,纹理清晰,特征明显,能够满足对调查目标进行目视解译的要求。

8.5 遥感图像增强

针对中高空间分辨率数据波谱特点,进行地貌解译时应尽量选择真彩色波段合成。该波段组合方式下地物层次丰富、边界轮廓清晰。在地貌情况复杂、可解译程度低的区段,对影像进行亮度拉伸、比值增强、滤波、主成分分析、彩色空间变换等信息增加处理,提高可解译程度。

8.6 影像镶嵌

影像镶嵌具体要求如下:
a) 在相邻图像重叠区内选择同名点作为镶嵌控制点,两景同名地物严格对准,拟合中误差在1个像元左右。
b) 镶嵌图像间进行亮度匹配,以降低灰度差异。镶嵌拼接线的选择无论是采用交互法还是自动选择,均须是一条折线或曲线。
c) 在拼接点两旁须选用"加权平均值方法"进行灰度圆滑。

8.7 图面整饰

图廓整饰内容包括内图廓、外图廓、坐标注记。

内图廓线是曲线,图廓线宽度为图上 1 个像元。外图廓线平行于内图廓线,与内图廓线间隔为 10 mm,主图廓线宽度为 1 mm,副图廓线宽度为 1 个像元,两者互相平行,距离为 2 mm。图廓线坐标注记内容是经纬度和公里网,图廓四角的经纬度注记标于内图廓四角的延长线两侧,公里网注记要求每条方格线在图廓间注出其坐标值的两位公里数,首末方里线及百公里数方里注记应标出完全的公里数。

8.8 图面注记

图面注记要求标注图名、图幅接合表、数字比例尺和线划比例尺。图名用横列注记在北图廓外居中位置,图名下方注记图幅编号。比例尺标注于南图廓外正中位置,同时绘制数字比例尺和线划比例尺。南图廓外西边注记包括所采用的遥感资料种类、时相和波段组合,控制资料等。南图廓外东面注记作业单位。

9 调查技术方法与要求

9.1 调查内容

遥感地貌调查内容如下:

a) 调查中应充分采用遥感技术,通过卫星影像解译和分析反映调查区内地貌特征,获取地貌类型、成因形态、物质形态、微地貌等专题因子相关参数,研究地貌分布规律。编制相应的遥感解译图件,提供遥感解译资料。

b) 划分不同地貌单元,确定地貌成因类型、地貌形态及水系特征,判定地形地貌、水系分布发育与地质构造的相互关系。调查地貌的成因、物质类型、地貌形态及分布,形成专题成果图件。其中,针对黑龙江省自然环境的特点,其省域范围内的地貌成因类型可划分为构造地貌(Ⅰ)、火山地貌(Ⅱ)、冰缘地貌(Ⅲ)、流水地貌(Ⅳ)、湖成地貌(Ⅴ)、风成地貌(Ⅵ)、人工地貌(Ⅶ)7类。地貌成因形态:褶断剥蚀侵蚀中山,褶断剥蚀侵蚀低山,褶断剥蚀丘陵,剥蚀火山熔岩低山,剥蚀火山熔岩丘陵,火山熔岩台地,冻融剥蚀中山,冻融剥蚀低山,侵蚀冰水台地,侵蚀冰水倾斜平原,冲积、洪积平原,冲积平原,剥蚀冲积、湖积高平原,冲积、湖积低平原,剥蚀冲积、湖积台地,风蚀风积砂地,人工挖掘地貌,人工建造地貌18类。针对丘陵区调查微地貌类型,包括平原丘陵、低倾缓丘陵、中倾缓丘陵和高倾缓丘陵4类。地貌分类可参见附录B。

9.2 地貌遥感解译

9.2.1 初步解译

在资料收集、整理、分析的过程中,结合对照遥感图像,形成地貌单元遥感影像解译标志,并对图像进行初步解译。从区域地貌入手,了解区域地貌形成条件与成因、区域主要的地貌形成特征,对各种标志进行综合分析和对比分析,编制地貌遥感解译成果的初步解译图。

9.2.2 详细解译

在野外踏勘的基础上应进行地貌详细解译。详细解译的任务是进一步完善地貌详细解译标志。通过影像特征了解地貌单元之间的相互关系,识别异常地貌与其他景观,进行综合分析、类比和推演,形成详细的地貌解译成果图。

9.2.3 综合解译

综合解译应在野外检查验证工作基本完成后进行。结合野外检查验证和地面测量成果,对详细解译成果进行综合对比分析,充分应用图像解译与野外调查相结合、相互印证的方法确保成果数据的准确性并进一步修改完善,编制遥感综合解译成果图。

9.3 精度要求

1:50 000比例尺解译地貌图只标定直径大于500 m的闭合地貌单元和宽度大于50 m、长度大于500 m的块状地貌单元。具有重要意义的地貌单元或微地貌可夸大表示。

9.4 野外验证

野外验证内容及相关要求如下:

a) 根据已有工作程度的不同,确定不同地区工作程度要求,即实测、编测或修测。

b) 野外调查前,应在调查区或邻区选择典型地貌地段,建立科学系统的遥感解译标志,统一工作方法。

c) 观测点布置原则是野外实地调查图斑量不小于解译图斑总量的5%。每个观测点和重要现象,必须配有详细记录、GPS经纬度坐标、照片或录像等。

d) 观测路线的布置以穿越法为主，对地貌单元疑问解译图斑采用穿越法与追索法相结合的调查方法。

e) 地面调查手图采用的比例尺应比实际调查精度大1倍或以上。

f) 重要的地貌单元布置适量的控制点或者路线进行调查。

g) 野外调查工作完成后及时做好外业资料的整理，对野外记录本和调查实际材料图进行认真整理、检查，记录卡格式应符合附录C。

10 成果图件编制

10.1 地貌遥感调查图编制

编图单元：四级地貌单元类型。

地貌单元界线：按照地貌单元级别划分。一级地貌单元界线，线宽0.9 mm；二级地貌单元界线，线宽0.6 mm；三级地貌单元界线，线宽0.3 mm；四级地貌单元界线，线宽0.1 mm。

10.2 遥感影像图编制

遥感影像图编制应按照DD 2011—01的规定执行。

11 数据库建设

11.1 建设内容

数据库建设内容主要如下：

a) 资料收集数据。该数据应包括所使用的遥感影像数据；收集的区域地质、水工环、生态地质等基础地质和专项调查研究的成果资料。

b) 野外数据。该数据由各种野外调查数据组成，应包括野外工作总结、各类调查点、野外记录卡片、照片等数据。

c) 综合数据。该数据由管理技术文档资料组成，应包括任务书（或合同书）、设计书、审查验收意见等过程管理文档资料；地貌遥感调查图、调查成果报告及相关专题报告；野外实际材料图等各类图件。

11.2 基本要求

数据库建设基本要求主要如下：

a) 数据库建设应贯穿地貌遥感调查全过程。

b) 在资料收集与整理分析阶段应完成资料收集和数据入库，在野外调查阶段应完成野外数据入库，在成果编制阶段应完成综合数据入库。

c) 数据库应具有数据更新、查询、统计等功能，并能和环境地质空间信息分析系统相连接。

12 成果报告编写

1∶50 000地貌遥感调查成果报告编写内容及相关要求如下：

a) 综合利用、充分反映调查所取得的成果。遥感专题解译地貌部分应简述所选用的遥感数据，获取时相，图像制图步骤，工作方法和工作内容；详细叙述地貌遥感解译标志，地貌成因类型、物质形态、微地貌类型影像特征。

  b）结合地方政府需求与经济、社会发展规划，提出合理、有效的国土空间规划布局和有建设性的地学建议。

  c）1∶50 000 地貌遥感调查成果报告编写提纲应符合附录 D。

13 资料提交

13.1 成果类

终审成果报告、专题报告、附图、附表、附件及评审意见书等，具体包括如下：
a）1∶50 000 遥感影像图。
b）1∶50 000 地貌遥感调查图。
c）1∶50 000 地貌遥感调查数据库成果资料。
d）1∶50 000 地貌遥感解译成果报告。

13.2 野外调查类

野外手图、野外实际材料图、各种野外调查点的记录簿及记录卡片、照片、野外调查小结。

13.3 技术文件类

项目任务书（或合同书）、设计书、设计与成果审批意见书等。

附 录 A
（资料性附录）
地貌遥感调查设计书编写提纲

A.1 第一章 绪言

A.1.1 第一节 项目概况

项目来源、目的任务、工作内容、预期成果。

A.1.2 第二节 工作区概况

调查区范围、自然地理条件、社会经济概况。

A.2 第二章 以往工作程度

A.2.1 第一节 调查区以往工作程度

以往地貌、地质、土地利用基本概况，调查工作程度情况，附调查区以往工作程度图，分析总结调查区存在问题。

A.2.2 第二节 调查区遥感地貌特征

描述调查区内典型地貌遥感基本特征。

A.3 第三章 工作方法与技术要求

A.3.1 第一节 技术路线

论述项目实施过程中采用的技术路线、工作层次。

A.3.2 第二节 工作方法

论述项目实施过程中采用的工作方法（包括资料收集、影像数据获取、图像制作、专题信息提取、图斑的勾绘、野外验证、图件编制、成果报告编写）。

A.3.3 第三节 相关要求

引用的技术标准、解译精度控制方法等。

A.4 第四章 工作部署

A.4.1 第一节 工作部署原则

总体工作思路、部署原则。

A.4.2 第二节 总体工作部署

部署各阶段主要工作内容,工作布置、工作量、各年度工作计划。

A.5 第五章 实物工作量

列表说明总体工作部署和分年度各类实物工作量。

A.6 第六章 组织管理和保障措施

A.6.1 第一节 组织机构及人员安排

项目负责人基本情况、项目组成员安排。

A.6.2 第二节 组织管理与保障措施

全面质量管理措施、技术保证措施、设备配置、安全及劳动保护措施等。

A.7 第七章 经费预算

根据项目类型准确选择预算类别,明确预算编制依据,详细列出各科目经费支出安排,附预算编制说明及明细表。

A.8 附图附件

工作部署图等。

附 录 B
（规范性附录）
地貌类型分类表

表 B.1 地貌类型分类表。

表 B.1 地貌类型分类表

成因类型	代号	形态类型	成因形态	代号	岩性类型	代号	微地貌形态	
构造地貌	Ⅰ	中山	褶断剥蚀侵蚀中山	Ⅰ$_1$	火山岩、变质岩尖峭状中山	Ⅰ$_{1-1}$	中大起伏中山	高程1 000 m～3 500 m，高差＞500 m
					花岗岩锯齿状中山	Ⅰ$_{1-2}$	小起伏中山	高程1 000 m～3 500 m，高差＜500 m
		低山	褶断剥蚀侵蚀低山	Ⅰ$_2$	火山岩、变质岩鳍脊状低山	Ⅰ$_{2-1}$	中大起伏低山	高程＜1 000 m，高差500 m～1 000 m
					花岗岩浑圆状低山	Ⅰ$_{2-2}$	中起伏低山	高程＜1 000 m，高差＜500 m
		丘陵	褶断剥蚀丘陵	Ⅰ$_3$	火山岩、变质岩岗阜状丘陵	Ⅰ$_{3-1}$	平缓丘陵	高差70 m～200 m，坡度5°～15°
							低倾缓丘陵	高差70 m～200 m，坡度15°～25°
					花岗岩状浑圆状丘陵	Ⅰ$_{3-2}$	中倾缓丘陵	高差70 m～200 m，坡度25°～35°
							高倾缓丘陵	高差70 m～200 m，坡度＞35°
火山地貌	Ⅱ	低山	剥蚀火山熔岩低山	Ⅱ$_1$	玄武岩低山	Ⅱ$_{1-1}$	中大起伏低山	高程＜1 000 m，高差500 m～1 000 m
							中起伏低山	高程＜1 000 m，高差＜500 m
		丘陵	剥蚀火山熔岩丘陵	Ⅱ$_2$	玄武岩丘陵	Ⅱ$_{2-1}$	平缓丘陵	高差70 m～200 m，坡度5°～15°
							低倾缓丘陵	高差70 m～200 m，坡度15°～25°
							中倾缓丘陵	高差70 m～200 m，坡度25°～35°
							高倾缓丘陵	高差70 m～200 m，坡度＞35°
		台地	火山熔岩台地	Ⅱ$_3$	玄武岩台地	Ⅱ$_{3-1}$		
冰缘地貌	Ⅲ	中山	冻融剥蚀中山	Ⅲ$_1$	花岗岩变质岩截顶状中山	Ⅲ$_{1-1}$	角峰、刃脊	
		低山	冻融剥蚀低山	Ⅲ$_2$	花岗岩变质岩截顶状低山	Ⅲ$_{2-1}$	平顶山脊	
流水地貌	Ⅳ	台地	侵蚀冰水台地	Ⅳ$_1$	砂砾石台地	Ⅳ$_{1-1}$	倾斜台地	
							坡积裙	
							融冻泥流阶地	
		平原	侵蚀冰水倾斜平原	Ⅳ$_2$	砂砾石倾斜平原	Ⅳ$_{2-1}$		

表 B.1 地貌类型分类表(续)

成因类型	代号	形态类型	成因形态	代号	岩性类型	代号	微地貌形态	
流水地貌	Ⅳ	平原	冲积、洪积平原	Ⅳ$_3$	砂砾扇形平原	Ⅳ$_{3-1}$	冲出锥	
							洪积扇	
							冲积扇	
			冲积平原	Ⅳ$_4$	泥砂质河谷平原	Ⅳ$_{4-1}$	河道	
							边滩	
							心滩	
							江中岛	
							牛轭湖	
							古河道	
							河流沼泽	
					泥砂砾石质山间平原	Ⅳ$_{4-2}$	一级阶地	
							二级阶地	
							三级阶地	
湖成地貌	Ⅴ	平原	剥蚀冲积、湖积高平原	Ⅴ$_1$	黏土质垄岗状高平原	Ⅴ$_{1-1}$		
					泥砂质波状高平原	Ⅴ$_{1-2}$		
			冲积、湖积低平原	Ⅴ$_2$	泥砂质低平原	Ⅴ$_{2-1}$		
					淤泥质低平原	Ⅴ$_{2-2}$	沼泽	
		台地	剥蚀冲积、湖积台地	Ⅴ$_3$	黏土质台地	Ⅴ$_{3-1}$		
风成地貌	Ⅵ		风蚀风积砂地	Ⅵ$_1$	细砂质波状沙地	Ⅵ$_{1-1}$	沙丘	
人工地貌	Ⅶ		人工挖掘地貌	Ⅶ$_1$				
			人工建造地貌	Ⅶ$_2$				

附 录 C
（资料性附录）
野外调查验证观测记录表

表 C.1 野外调查验证观测记录表。

表 C.1 野外调查验证观测记录表

项目名称：					
图像类型：		验证点编号：		天气：	
记录表顺序号			野外观测点号		
观测点所在图幅号			观测点所在图幅名		
观测点地理位置			观测点所在经纬度		
观测点遥感影像特征					
遥感解译类别			实地观测类别		
实地观测记录					
解译正确性	□正确		□基本正确		□不正确
野外实地照片					
调查人：		记录人：	检查人：		观测日期：

附 录 D
（资料性附录）
地貌遥感调查成果报告编写提纲

D.1 第一章 绪言

D.1.1 第一节 项目概况

项目来源、目的任务、工作内容、预期成果。

D.1.2 第二节 工作完成情况

工作完成情况（附工作量完成统计表）、工作进展情况。

D.1.3 第三节 取得主要成果

论述取得的主要成果。

D.1.4 第四节 提交成果

提交成果资料（各类成果图件、成果报告等）。

D.2 第二章 调查区自然地理与地质概况

D.2.1 第一节 调查区自然地理概况

调查区位置、交通、自然地理与经济概况。

D.2.2 第二节 调查区地质概况

D.2.3 第三节 以往工作完成程度

调查工作程度情况；附调查区以往工作程度图，分析总结调查区存在问题。

D.3 第三章 工作方法与技术路线

D.3.1 第一节 技术路线

项目实施过程中采用的技术路线、工作层次。

D.3.2 第二节 工作方法

论述项目实施过程中采用的工作方法。

D.3.3 第三节 质量评述

项目成果质量的自评（影像质量、解译准确程度、野外验证精度）。

D.3.4 第四节 相关要求

引用的技术标准、解译精度控制方法等。

D.4 第四章 地貌遥感调查成果

D.4.1 第一节 取得主要成果

论述调查区地貌结构、地貌形成因素、地貌形态类型。

D.4.2 第二节 地貌发育史

D.5 第五章 结束语

分条目总结本次调查所取得的认识、结论及相应建议。

参 考 文 献

[1] GB/T 15968　遥感影像平面图制作规范
[2] DZ/T 0296—2016　地质环境遥感监测技术要求(1∶250 000)
[3] DD 2019—01　区域地质调查技术要求(1∶50 000)
[4] DD 2019—07　环境地质调查技术要求(1∶50 000)
[5] DD 2019—08　地质灾害调查技术要求(1∶50 000)
[6] DD 2019—09　生态地质调查技术要求(1∶50 000)(试行)
[7] 方洪宾,赵福岳,等. 1∶250 000遥感地质解译技术指南[M].北京:地质出版社,2010